歡喜
做
年菜

目錄

如何挑選海蜇皮？海蜇皮為什麼要燙？
哪一種蝦適合做油爆蝦？

選購海蜇皮時，應選擇顏色淺黃有光澤，大又厚的，吃起來脆感才夠。燙過的海蜇絲會略為收縮，成為圓形，可以增加脆嫩的口感。做油爆蝦，以河蝦最好，肉甜而結實，但是不容易買到，可以改用大頭的泰國蝦或是沙蝦、劍蝦，總之，蝦子要以新鮮、頭不要脫落為原則。

食材的選擇 INGREDIENTS

【海蜇三絲】

◎海蜇皮6兩：海蜇要選越厚的越好。

◎貢菜2兩：胡蘿蔔絲1/2杯；蔥絲1/3杯。

◎綜合調味料：醬油1大匙、醋1/2大匙、糖1茶匙、鹽1/4茶匙、麻油1大匙

【油爆蝦】

◎河蝦1/2斤或泰國蝦、沙蝦、劍蝦12兩；蔥花1大匙

◎調味料：醬油2大匙、糖3大匙

製作時間：
15分鐘 & 10分鐘
（切絲、拌）

準備時間：
6小時前 & 3分鐘
(泡海蜇、泡貢菜)

份量：
6人份 & 6人份

烹調的過程 PROCEDURE

1. 海蜇捲成筒狀，切成細絲，放入大盆中，用水多沖洗幾次，最後放入小盆水中浸泡，最好多換幾次水，泡至海蜇沒有鹹味。
2. 鍋中煮滾5杯水，關火。放入海蜇快速川燙3-5秒鐘，見海蜇捲起立即撈出，再泡入冷水中，泡至海蜇再漲開（約2-3小時），臨上桌前撈出，瀝乾水份，並以紙巾吸乾。
3. 貢菜用水泡漲（約1-2小時）多沖洗幾次，可以再切細一點，用滾水川燙10秒，撈出沖冷，擠乾水分。胡蘿蔔絲拌少許鹽，放置10分鐘，以冷開水沖洗，擠乾水分。
4. 在一個稍大的碗中放入3種絲料和蔥絲，淋下調好的調味料拌勻即可。

烹調資訊站

1. 海蜇依產地不同所需浸泡的時間也不同，快的可能只需4-5小時即無鹹味，燙過後也需泡入冰水中使其收縮更脆，約泡30分鐘即可。發泡好後可連水放冰箱保存。
2. 另外可用白蘿蔔絲、西芹絲、萵苣筍絲、綠豆芽來拌，調味料可以加蒜泥或薑絲來取代蔥絲。
3. 可早1-2天發泡，臨吃前才拌。

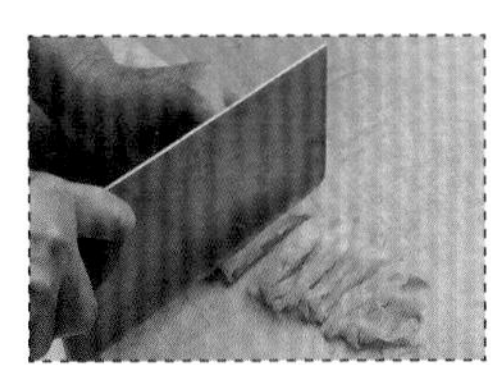

1. 將蝦沖洗、瀝乾水份。
2. 鍋中燒熱2杯炸油，分2-3批將蝦以大火炸至熟且酥，油倒出。
3. 利用鍋中餘油將蔥花爆香一下，淋下醬油和糖，炒煮至起泡，倒下蝦子拌炒均勻，關火，裝盤。

可早1-2天準備，臨吃前取出放室溫中回溫或略微波加溫一下。

哪一種魚適合燻魚？為什麼要用雞腿做醉雞？

傳統都是用草魚，草魚因為是活殺的，因此即使炸過了，肉也Q又香。另外魚刺少的鯧魚，也是很好的選擇。傳統醉雞是用全雞來做，這種去骨捲起來的醉雞腿，方便又好吃。因為要吃冷的，所以要選較無油的雞腿來做。

食材的選擇 INGREDIENTS

【五香燻魚】

◎草魚中段1斤半或小型鯧魚1斤半；蔥3支；薑2片；八角1顆。

◎調味料：(1)醬油5大匙、酒1大匙；(2)醬油4大匙、糖5大匙、五香粉少許、麻油1大匙

【醉雞】

◎半土雞腿3支：半土雞的肉質Q，比洋雞好吃。

◎鋁箔紙30公分3張。

◎調味料：魚露5大匙，黃酒或紹興酒1杯。

製作時間： 20分鐘（炸、泡）& 4小時（蒸、醉）

準備時間： 20分鐘（醃魚）&1小時30分鐘（泡雞腿）

份量： 8人份 & 6-8人份

烹調的過程 PROCEDURE

1. 草魚片開成兩半後再打斜切片。蔥2支和薑2片拍碎放大碗中，加調味料(1)拌勻醃20分鐘。
2. 魚片分2-3批放入熱油中，炸至熟且成褐色，油不夠多時可把魚撈出，將油燒熱，再炸一次。
3. 另外鍋中用1大匙油爆香蔥段和八角，倒入(2)料中的醬油、糖和水半杯，煮滾一下，關火，調入五香粉。
4. 將炸好的魚浸泡入醬油汁中，泡1-2分鐘後翻面再泡。在浸泡時即可炸第二批魚，魚炸好後，便可將汁中的魚取出，泡第二批。泡好的魚刷少許麻油，待涼。

烹調資訊站

1. 燻魚是一道適合涼吃的菜，因此很適合做年菜。待魚涼後收在保鮮盒中保存。
2. 可早2-3天準備，臨吃前1-2小時取出，以室溫回溫即可。

1. 雞腿剔除大骨，將肉較厚處片薄一些。用魚露醃泡1-2小時。
2. 雞腿捲成長條，用鋁箔紙捲好，兩端扭緊。
3. 將雞腿捲放入蒸鍋，大火蒸40分鐘至熟，取出。
4. 打開鋁箔紙，將蒸汁倒入一個深盤中，調入冷開水1杯和酒，待雞腿完全冷透，泡入酒中。用保鮮膜密封，放入冰箱冷藏，2-3小時後便可食用。
5. 取出雞腿，切薄片排盤。

烹調資訊站

1. 做醉的菜式可選用全雞或雞腿、雞翅，亦有人喜歡醉豬腳、醉豬肚。
2. 此菜可保存1個星期，怕酒味太重可將雞腿移放至保鮮盒中貯存。臨上桌前早一點取出回溫。

臘肉要如何挑選及處理？如何把花枝切的漂亮？

湖南臘肉有燻過的香氣，挑選時不宜太乾硬；臘肉太鹹可先泡熱水20分鐘，或在蒸的時候，把臘肉泡在水中一起蒸。花枝的切法很多，要切片時，先把花枝先洗淨，在正面每隔0.4公分劃切一條直刀紋，3公分寬的地方切斷，再横著打斜切片，切成一刀不斷、第二刀切斷的雙飛片。

食材的選擇 INGREDIENTS

【鮮蔬臘肉沙拉】

◎湖南臘肉1小塊：湖南臘肉有燻的香氣，挑選時不宜太乾硬。

◎生菜：西生菜或其他可買到做沙拉的新鮮蔬菜均可。

◎小蕃茄數粒或大蕃茄1個；紅、黃甜椒；黃瓜；胡蘿蔔，任何喜愛的蔬材均可。

◎沙拉醬汁：醬油1 1/2大匙；法國帶籽芥末醬1茶匙；檸檬汁、糖各2茶匙、橄欖油1大匙。

【橙汁花枝片】

◎花枝肉1個（約450公克）；小黃瓜2條；嫩薑1小塊；紅辣椒1支；蔥花1大匙。

◎調味料：柳橙汁1/4杯、橄欖油2大匙、檸檬汁2大匙、糖2大匙、鹽適量。

製作時間：

3分鐘（排盤、淋汁）& 10分鐘（排盤、淋汁）

準備時間：

30分鐘（蒸臘肉、切備蔬材、調醬汁）& 8分鐘（切花枝、醃黃瓜）

份量：

4-6人份 & 6人份

烹調的過程 PROCEDURE

1. 臘肉刷洗乾淨，蒸20外鐘全熟，取出放涼，切成薄片或寬條狀。
2. 做沙拉的蔬材分別清洗，切好，再以保鮮膜封好或蓋上乾淨的濕毛巾，冰30分鐘以上，或泡入冰水中10分鐘，以增加其脆度，撈出瀝乾。
3. 調好沙拉醬汁。
4. 材料分別排盤，淋下醬汁，食前拌勻。

1. 花枝洗淨，在正面每隔0.4公分劃直刀紋，3公分處切斷，再橫，著打斜切片，切成一刀不斷，第二刀切斷的雙飛片，全部切好。
2. 黃瓜切薄片，用少許鹽抓拌，放置10-15分鐘，用冷開水沖洗後擠乾水份。
3. 薑剁碎；紅椒去籽，切細絲；調味料放入小瓶中搖勻。
4. 鍋中煮滾5杯水，放入花枝，以極小火泡煮1分鐘，撈出泡冰水，瀝乾水份。
5. 黃瓜片墊底，蔥、薑和紅椒撒在上面，再排上花枝片，淋下調味汁。

可以在如意菜中加入其他食材嗎？如何讓素鵝更耐存放？

只要沒有特殊味道、耐炒、耐放的食材都可以，可依照個人喜好選擇，例如，大頭菜、金針菜、貢菜等不同素材。喜歡煙燻氣味的人，可在素鵝蒸過放涼後，再用黃糖、麵粉和紅茶等燻料燻8-10分鐘，燻過的食物更耐存放。

食材的選擇 INGREDIENTS

【十香如意菜】

◎黃豆芽1斤；香菇5朵；水發木耳1杯；百頁1疊；榨菜絲1/2杯；醬瓜絲1/2杯；胡蘿蔔絲1杯；芹菜段2杯；筍絲1杯；嫩薑絲1杯。

◎調味料：鹽、糖、麻油各適量。

【素燒鵝】

◎新鮮豆包2塊；豆腐衣4張；筍絲、香菇絲、金菇段、胡蘿蔔絲各1/2杯；榨菜絲少許。

◎調味料：醬油2湯匙、糖2茶匙、泡香菇水2/3杯、麻油1/2湯匙。

製作時間：
10分鐘（炒） & 20分鐘（蒸、煎）

準備時間：
30分鐘（切各種材料） & 30分鐘（切絲、包）

份量：
8人份 & 6人份

烹調的過程 PROCEDURE

1. 黃豆芽摘去根部，洗淨瀝乾；香菇泡軟切絲；木耳摘去蒂頭，切成絲；百頁切粗絲，用鹼水或小蘇打水泡軟，沖洗乾淨，瀝乾。
2. 榨菜切絲後可用水沖洗一下，以除去一些鹹味；豆腐乾切絲。
3. 炒鍋中加熱3大匙油，放入黃豆芽慢慢煸炒到軟且透出豆香，盛出。
4. 另加油2-3大匙，放入香菇和筍絲炒香，再加入胡蘿蔔炒至軟，再依序加入榨菜、醬瓜、木耳、芹菜、百頁及豆腐乾，炒至熟透且均勻，最後再放回黃豆芽，適量加少許糖和鹽調味，關火後滴下麻油，涼透後裝盒儲存。

烹調資訊站

可早1-2天製作，放保鮮盒中貯藏5-6天，挾取時要用乾淨的筷子。

1. 小碗中先將調味料混合調好。
2. 用2大匙油炒香香菇絲，再放入其他絲料炒勻，淋下約4大匙的調味料，炒煮至湯汁收乾，盛出放涼。
3. 豆腐衣兩張相對放好，塗上一些調味料汁。再將新鮮豆包打開成薄片，鋪放在豆腐衣上，也塗一些調味汁。放上一半量的香菇絲料，包捲成扁筒狀，用牙籤固定住封口。放在塗了油的蒸盤上。
4. 素鵝放入蒸鍋中蒸10分鐘，取出放涼。
5. 用油將素鵝表面煎成金黃色，斜切成寬條，擺盤上桌。

蒸好放涼後即可收藏，吃之前再煎過上桌。

如何購買及保存烤麩？如何讓蓮白捲更入味？

烤麩在素料攤上可以買到，因為是麵筋製成品，容易發酸，買回後可以冷凍或者先炸透後再儲存。
喜歡入味一點的話，可以將蓮白捲在切段前先浸泡在糖醋汁中，約浸泡30-60分鐘。

食材的選擇 INGREDIENTS

【紅燒烤麩】

◎烤麩10塊；香菇10朵；冬筍2支。

◎豆腐乾6片；金針菜30支；胡蘿蔔1小支；毛豆仁1/2杯；蔥2支；薑2片。

◎調味料：醬油4大匙、冰糖1 1/2大匙、麻油1大匙。

【糖醋蓮白捲】

◎高麗菜1棵；香菇3朵；綠豆芽6兩；芹菜6支；胡蘿蔔1/3支；花椒粒1大匙。

◎調味料：(1)鹽1/4茶匙、麻油1茶匙。
(2)糖醋汁：糖4大匙、醋4大匙、醬油2大匙。
(3)醬油1大匙、糖1茶匙、油1大匙、蔥1支、泡香菇水1杯。

製作時間：
3分鐘 & 3分鐘
(炒、燒)

準備時間：
2小時 & 40分鐘
(泡香菇、金針、切材料)

份量：
8-10人份 & 6-8人份

烹調的過程 PROCEDURE

1. 烤麩撕成小塊，用熱油炸至硬且金黃，撈出。
2. 香菇泡軟，切除蒂頭，切成片；冬筍和豆乾分別切片；胡蘿蔔切小塊；金針菜泡軟，每兩支打成一個結。
3. 毛豆抓洗乾淨，去掉外層薄膜，用熱水燙40秒鐘，撈出沖涼。
4. 起油鍋，用3大匙油炒香蔥段、薑片和香菇、冬筍，加入醬油、冰糖、3杯水和烤麩，大火煮滾後改成小火，煮約20分鐘。
5. 加入胡蘿蔔、豆腐乾和金針菜，再煮約8-10分鐘，至湯汁將收乾。最後放下燙過的毛豆仁，煮透後關火。滴下麻油略拌和，盛出放涼。

烹調資訊站

1. 烤麩有大小之分，大的約有8塊。
2. 紅燒烤麩是江浙一帶的年菜，取“靠福”的諧音，是適合冷吃的前菜。可早1-2天製作。

1. 高麗菜在菜梗部分切4道刀口，放入滾水中燙煮，剝下6片葉子。將硬梗子部分修薄一點，放入調勻的糖醋汁中泡30分鐘。
2. 綠豆芽和芹菜用滾水燙至脫生，撈出沖冷水，擠乾水分備用，胡蘿蔔切細絲用少許鹽醃一下，醃出水後，沖洗一下，擠乾水汁。
3. 香菇泡軟，用調味料(3)蒸10分鐘，待涼後切成細絲。4種材料一起放入大碗中，加調味料(1)拌勻。
4. 用高麗菜葉包捲豆芽等材料，捲緊成長條筒狀。
5. 鍋中用油爆香花椒粒，倒入糖醋汁煮滾，待涼後過濾。
6. 上桌前將蓮白捲切成約1吋長段，排在盤中，淋下糖醋汁。

蓮白捲做好後整條放入保鮮盒中保存，要吃隨時取用，十分方便，冰涼後更好吃。

如何做出好的滷湯？

滷湯的味道決定滷味的好吃與否，一般在滷過之後要將滷湯保留下來，下一次再滷時只要酌加八角、蔥、薑、辣椒和調味料即可，累積數次後，滷湯的味道就會更好。

食材的選擇 INGREDIENTS

◎牛腱2個；牛肚1個；牛筋1條；豬肚1個；花枝肉1個；雞腿2支；雞肫8個；雞蛋8個。

◎滷汁的材料：花椒、八角、桂皮、丁香、沙薑、小茴、甘草、草果、陳皮各適量，或五香包1個、蔥2支、薑2片、蒜2-粒、辣椒1支、醬油1杯、酒1/2杯、冰糖1大匙、鹽適量，高湯10杯或五花肉1塊。

製作時間：
1-6小時不等
（滷、泡）

準備時間：
30分鐘
（燙各種材料）

份量：
10人份

烹調的過程 PROCEDURE

1. 大鍋中加熱3大匙，爆香拍裂的大蒜、蔥段和薑片，淋下酒相醬油炒煮一下，放入五香包、或將自己配的五香料包在棉布包中，和高湯，大大煮滾，改小火煮20分鐘，做成滷湯（沒有高湯時，放入五花肉同煮）。
2. 要滷的葷材料要先燙水，取出再沖洗乾淨。豬肚和牛肚要另外先燙煮40-50分鐘，水中要加酒、蔥段、薑片，八角2顆和白胡椒粒1茶匙。
3. 雞蛋放冷水中，水中加少許鹽，煮成白煮蛋，剝殼。
4. 滷味需要滷煮和浸泡兩個過程，每種材料所需的時間不同，每個人喜愛的口感也有差，一般而言，牛腱子需滷1小時、泡4-6小時。牛肚另外煮至8分爛，泡入滷湯中3-4小時。豬肚滷40分鐘、泡2小時。全雞、約3斤重，滷30分鐘、泡3-4小時。雞腿滷12分鐘、泡1小時。雞肫滷20分鐘、泡1小時。白煮蛋煮一滾，可以只用浸泡的。
5. 泡過的滷菜可放冰箱中冷藏，上桌之前選數種喜愛的材料切片，排入大盤中。以室溫回溫或快速微波一下，淋上調好的滷汁（滷湯加麻油），撒上蔥花或香菜。
6. 另外也可以滷海帶、豆腐乾、素雞等素的材料，最好是取出滷湯分開滷，以免滷湯容易酸壞。

烹調資訊站

滷味滷好後將滷湯過濾，留下一部分可以淋在滷味上，其餘的裝盒或裝袋冷凍即可。

如何使用金華火腿？

金華火腿最好取用要用的量一整塊一起蒸，才不會彎曲，整塊蒸熟，放涼後再切絲，如有剩餘，可以密封冷凍。

食材的選擇 INGREDIENTS

◎魚翅1/2斤：魚翅的等級很多，可依個人喜愛選用排翅、小排翅、散翅或素魚翅均可。

◎雞胸肉1/2個，約200公克；火腿絲2大匙；綠豆芽6兩；高湯6杯；蔥3支；薑4片。

◎調味料：(1)鹽1/4茶匙、水1大匙、蛋白1大匙、太白粉1茶匙。

(2)酒1大匙、蠔油1大匙、鹽適量、大白粉水1大匙。

製作時間：
10-15分鐘
（燙豆芽、炒雞絲、燴魚翅）

準備時間：
1小時
（魚翅出水、煨、醃雞肉）

份量：
6-8人份

烹調的過程 PROCEDURE

1. 若選購已發泡好的魚翅，則需要先“出水”去腥；魚翅放湯鍋中，加水蓋過魚翅，再加蔥段、薑片和酒1大匙，煮滾後改小火煮10分鐘，撈出魚翅。出水後要用高湯3杯來煨煮（湯中加少許酒及蔥、薑），煮的時間視魚翅本身軟硬而定，小火煮至魚翅夠軟。
2. 雞胸肉切細絲，用調味料(1)拌勻醃30分鐘以上。
3. 綠豆芽摘去頭尾成銀芽。
4. 煮滾3杯水，水中加少許油和鹽，放下銀芽快速川燙，脫生後即撈出，瀝乾，放在大盤中央。
5. 鍋中將1杯油燒至7分熟，放下雞絲過油炒熟，撈出，瀝淨油，堆放在豆芽上。
6. 用1大匙油爆香蔥段和薑片，淋下酒和高湯3杯，煮滾後撈出蔥、薑，放入魚翅再煮滾，調味並勾芡，淋在雞絲上，撒上火腿絲即可。

烹調資訊站

1. 3公分寬的火腿蒸約30分鐘。
2. 若買乾魚翅自己發泡，請參考第57頁發泡方法。煨煮魚翅時因魚翅的膠質已釋出，所以煨煮時的高湯可以一併留用。
3. 煨煮時間可能長達2-3小時或仍有腥味，就要換高湯另外再煨煮。因時間長不易照顧，可以用蒸的。
4. 魚翅可早3-4天煨好，雞絲也可早1天醃，臨上桌前才燴煮。

如何挑選好的鮑魚？

鮑魚罐頭的品牌很多，宜挑選有信譽者，搖動罐頭時，不要有太多水晃動的聲音，表示罐中鮑魚的容量較小，要再燴煮的鮑魚不用買太貴太好的，一般口感不錯的即可。現在可以買到真空包裝、調味過的鮑魚，也可以再加熱烹煮，只是顏色太深不好看。

食材的選擇 INGREDIENTS

◎罐頭鮑魚或真空包裝鮑魚1包；蹄筋8支；杏鮑菇3-4支；綠蘆筍半斤；蔥2支；薑4片；清湯2杯。

◎調味料：酒1大匙、蠔油1大匙、糖少許、鹽適量、太白粉水適量、麻油少許。

製作時間：
5分鐘（燴煮）

準備時間：
15分鐘
（煮蹄筋、切材料）

份量：
8人份

烹調的過程 PROCEDURE

1. 鮑魚表面每0.2公分割切一道刀口，再橫著切二條刀口，第三刀切斷，切成有花紋的厚片狀。
2. 蹄筋整支放鍋中出水，加蔥、薑、酒和冷水4杯，煮滾後再煮2-3分鐘，取出沖涼，分切成三段。
3. 杏鮑菇斜切0.2公分片。綠蘆筍削去老硬外皮，料切段。兩者分別用熱水（水中加少許鹽）川燙一下，撈出立刻沖涼。
4. 鍋中熱油2大匙，爆香蔥段、薑片，放下蹄筋和杏鮑菇炒一下，淋下酒和清湯，煮滾後調味並勾芡，放入綠蘆筍和鮑魚片，一滾即關火，攪拌一下，滴下麻油，盛在大盤中。

烹調資訊站

1. 鮑魚罐頭中的湯汁可利用，但也不要全部都用會太鹹。
2. 蹄筋出水的時間依其軟硬度而定，不要煮太軟沒有口感。怕麻煩可以買現成的，不用自己發泡。
3. 鮑魚也可以片切成大薄片，會顯得量較多。這種切寬厚片的較有口感。
4. 這種燴煮的菜最適合請客，材料都可以先準備好，上桌前只花3-5分鐘燴一下就可以了，十分方便。
5. 乾蹄筋的發泡方法請參考下圖

乾蹄筋的發泡

乾蹄筋

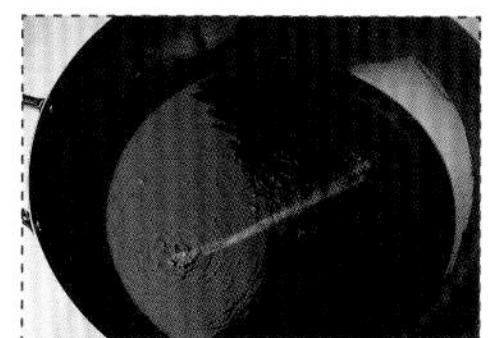
乾蹄筋放冷油中，以小火慢炸。

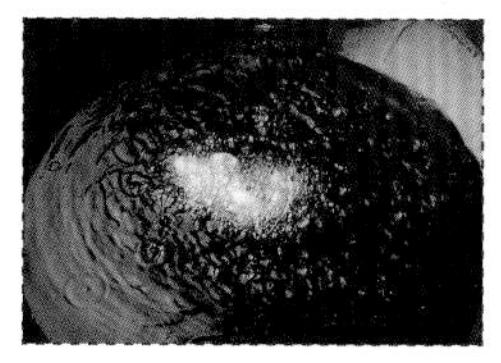
待乾蹄筋浮起，灑水入鍋，蓋上鍋蓋，待油爆煮消失，再灑水，重複5-6次，至蹄筋脹大。

泡入水中，並不斷沖冷水。

泡至第二、三天會再漲大許多。

如何挑選水發海參？

用手握住海參，要挑選軟硬度差不多的，不要選太軟的，形狀不好看、口感也不好。

食材的選擇 INGREDIENTS

◎海參3-4條：海參應挑選軟硬度差不多的。

◎水發魷魚半條；絞肉4兩：蛋3個；香菇4朵；筍1支；豌豆片數片或青花菜數朵。清湯2杯；蔥2支；薑4片。

◎調味料：(1)醬油1茶匙、鹽少許、太白粉1茶匙、水1大匙、麻油少許。

(2)酒1 1/2大匙、醬油1/2大匙、鹽適量、太白粉水適量、麻油數滴。

製作時間：
6-8分鐘（炒、燴煮）

準備時間：
30分鐘（出水、做蛋餃、切材料）

份量：
8-10人份

烹調的過程 PROCEDURE

1. 將海參腹腔內的腸砂清洗乾淨，放入鍋中，加清水3杯、蔥1支、薑2片和酒1大匙，煮滾後改小火煮5-10分鐘（視海參硬度而定），取出沖涼。打斜切成大片。
2. 絞肉先剁細，加入調味料(1)，攪拌均勻。蛋打散，在平底鍋中塗少許油，用1大匙蛋汁做成1張橢圓形蛋皮，見蛋汁一半凝固時，放下約1茶匙的絞肉餡，對折蛋皮，做成蛋餃，翻面稍煎黃一點。取出放在塗了油的盤子上，全部做好，上鍋蒸5分鐘，取出放涼。
3. 魷魚切交叉刀紋，再分割成適當大小，用滾水燙熟，撈出，不馬上烹調時，需泡入冷水中。
4. 香菇泡軟，切片。筍煮熟，切片。豌豆片摘好，剪出尖角。
5. 鍋中用2大匙油爆香蔥段和薑片後放入香菇和筍片先炒，待香氣透出後淋酒，並加醬油和清湯，煮滾。
6. 改小火放入蛋餃和海參，煮滾後調味並勾芡，最後放入魷魚捲和豌豆片，關火滴下麻油即可。

烹調資訊站

1. 海參要放入乾淨無油的保鮮盒中，加水冷藏，可保存1-2星期，但要每天換水。烹調前才出水去腥。
2. 海參一般切片時要打斜刀片切，才會使海參片大又光滑，口感好，參看左圖。
3. 可將1大匙水加1茶匙太白粉調勻後加入蛋汁中，使蛋皮光滑好操作。
4. 任何喜愛的食材，無論葷素均可搭配本菜中，內容豐富，最適合過年人多時，各取所好。
5. 乾海參的選購及發泡方法請參考第56.58頁

如何挑選及處理干貝？

新鮮干貝的產地關係著它的鮮味與嫩度，以加拿大和日本冷凍進口的最好，使用前才解凍，不要泡在水中，以免鮮味流失。如不用煎的，也可以用熱水泡至8分熟，不能用滾水大火燙煮，肉緊縮後會太老。

食材的選擇 INGREDIENTS

◎新鮮干貝10粒：大的口感好，可以橫著片成兩片，買小型的可以不剖半整粒炒。
◎小草蝦10隻：小型的草蝦很適合剝殼來炒，或用蘆蝦、劍蝦，當然小明蝦更理想
◎青花菜1棵：應選花蕾緊密、沒有開花發黃的，菜梗不要裂開或有空心現象。
◎洋蔥屑1大匙：紅蔥頭片1大匙；奶油1大匙；麵粉少許；鮮奶油或奶水2大匙。
◎醃蝦料：鹽少許、蛋白1/2大匙、太白粉1/2大匙。
◎醃鮮貝料：鹽少許、太白粉1大匙。
◎調味料：酒1/2大匙，清湯1杯、鹽少許、大白粉水1/2大匙。

製作時間：
10分鐘
（燙、煎、燴）

準備時間：
30分鐘（醃鮮貝、蝦子、處理青花菜）

份量：
8-10人份

烹調的過程 PROCEDURE

❶ 鮮貝化凍後用清水快速沖洗一下，擦乾水分，用醃料拌醃30分鐘。

❷ 蝦子剝殼，僅留下尾殼，將腸砂抽除。放入盆中加少許鹽抓洗一下，用清水沖淨，擦乾水分。由背部剖劃一刀，加醃蝦料拌勻，放冰箱中醃30分鐘以上。

❸ 青花菜分成小朵，用薄鹽水浸泡，沖洗瀝乾。用滾水川燙約40秒（水中可加少許鹽），撈出沖涼，備用。

❹ 加熱1大匙油，先爆香蔥段，再放入青花菜炒一下，加鹽和清湯，煮約1分鐘盛出，瀝乾湯汁，排入大盤中。

❺ 4杯滾水中加入1/2杯冷水，放下鮮貝，以極小火泡煮1-2分鐘，撈出。用紙巾吸乾鮮貝水分，兩面沾上麵粉，用約1大匙奶油煎黃兩面。

❻ 鍋中水再燒滾，放下草蝦，大火燙15秒，見草蝦捲起成球狀、且已變色，撈出瀝乾，也放入鍋中煎一下。

❼ 另用1大匙油炒香紅蔥和洋蔥屑，待香氣透出，淋酒和水1杯，撈棄洋蔥等。待煮滾時，加鹽調味並勾芡，加入鮮奶油拌勻，放回兩種海鮮料，快速拌合即起鍋，裝入青花菜中間。

烹調資訊站

❶ 鮮干貝煎過會有香氣，不煎亦可。草蝦可以過油炒過代替過水川燙。

❷ 青花菜燙過沖涼後可以保持綠色，要好吃的話應再回鍋炒過，並以清湯煮一下，煮的時間長短，按個人喜好的脆度而不同。

如何讓雞肉更有味道？

在雞胸和雞腿肉較厚之處，用叉子叉幾下，以使味道容易滲透進入肉中。在烤的時候要將鋁箔紙包轉動數次，以使湯汁在包內流動，雞肉才有味道。

食材的選擇 INGREDIENTS

◎小的半土雞1隻；不帶頭和爪子，約3斤左右。
◎肉絲75克；蔥絲1杯；冬菜或福菜半杯；大蒜4-5粒。
◎玻璃紙1張；鋁箔紙1大張；牙籤2-3支。
◎調味料：(1)醬油2大匙、酒1大匙、鹽1/2茶匙
(2)醬油少許、太白粉1茶匙，水1大匙。
(3)酒1大匙、醬油1/2大匙、糖1茶匙、鹽1/4茶匙。

製作時間：
10分鐘(炸、炒)

準備時間：
40分鐘
(醃肉、調汁、擺盤)

份量：
8人份

富貴烤雞

烹調的過程 PROCEDURE

1. 雞內部清洗乾淨，灌入1大杯滾水，沖洗一下內部；擦乾水分，在雞胸和雞腿肉較厚之處，用叉子叉幾下，在雞身內外塗上調味料(1)，醃1小時。
2. 肉絲用調味料(2)拌醃10鐘；大蒜切厚片；冬菜浸水中泡10分鐘，瀝乾備用。
3. 起油鍋用3大匙油炒香大蒜片，放入肉絲和蔥絲同炒，香氣透出後加入冬菜炒數下，加入調味料(3)拌勻，盛出，裝入雞的肚子裡，用牙籤封口（圖2）。
4. 玻璃紙上塗油，包住雞全身（圖3），外面再加包一張鋁箔紙（最好使用雙層）。
5. 烤箱預熱至200℃，放入鋁箔紙包，以中溫烤3個小時，至雞肉已經夠爛為止。取出放在大盤中，打開紙包，附活頁饅頭或切了刀口的土司麵包一起上桌。

烹調資訊站

1. 醃之前先將雞胸骨壓扁一些，比較好看（圖1）。
2. 這道菜由江浙館子的叫化雞改變而來，原本要包裹泥土來烤，現在改為鋁箔紙。家常做也可以用蒸的。喜歡荷葉香氣，也可以將乾荷葉泡軟，刷乾淨後，包著雞來烤或蒸。

冬菜

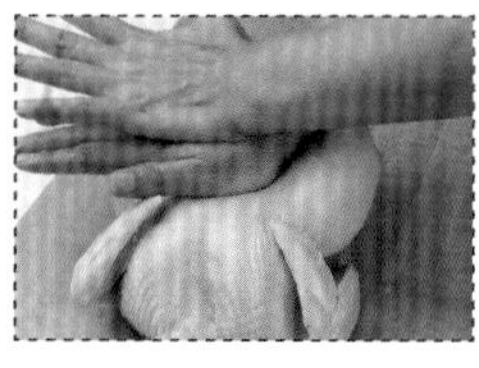
(1)

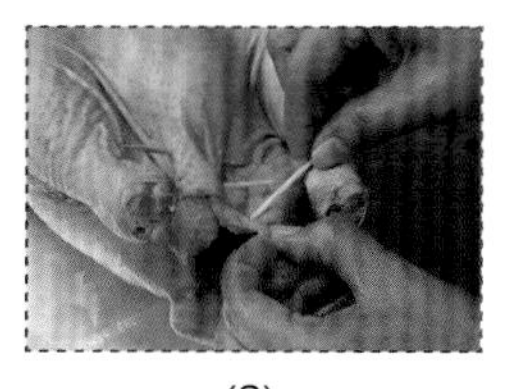
(2)

(3)

廣東的臘味該如何處理？
還可以用什麼配料來搭配臘腸滑雞球？

廣東臘味常見的有臘腸、肝腸、臘肉、臘鴨和金銀肝，因為曬的較乾，要先泡水再用。也可以蒸熟再用。配料可自行搭配，乾香菇或其他如洋菇、杏鮑菇等菇類均很好；如用蒸的，則底下可以用豆製品，茹素腸、豆皮或新鮮豆包墊底。，以菇類或豆製品來平衡肉類的營養與減低熱量的攝取。

食材的選擇 INGREDIENTS

◎雞腿2支：肉雞腿或半土雞均可，也可以選用胸肉部份。

◎廣東臘腸、肝腸各2條。

◎新鮮香菇3-4朵；紅甜椒1/2個；西芹1支；蔥2支；大蒜2粒。

◎調味料：(1)醬油1大匙、太白粉1大匙、水2大匙。

(2)醬油1大匙、糖1茶匙、黑胡椒粉少許、水3/4杯、麻油少許。

製作時間：
10分鐘（過油，炒）

準備時間：
35分鐘 （醃雞、切臘腸及配料）

份量：
8人份

烹調的過程 PROCEDURE

1. 雞腿剔除大骨，在肉面上剁些刀口，再分割成2公分大小的塊狀，用調味料(1)拌勻醃30分鐘。
2. 臘腸和肝腸刷洗乾淨後，在水中泡10分鐘，斜切成2公分的段。
3. 新鮮香菇快速沖洗一下，視大小切成3或4片；紅甜椒去籽切小塊；西芹削去老筋後斜切成片；蔥切段；大蒜切厚片。
4. 雞腿用八分熱的油過油，炒至7-8分熟，撈出。
5. 另熱2大匙油爆香蔥段、大蒜和臘腸片，拌炒均勻，放入香菇塊和雞球並加入醬油、糖、胡椒粉和水，略燜1分鐘，以濕太白粉勾薄芡，滴下麻油，盛放入盤中。

肝腸

臘腸

烹調資訊站

廣東臘味一般可切片做成拼盤，或加配料炒或切丁炒成臘味鬆，最有名的是做臘味飯。做這道菜可以將臘腸蒸熟後再切片來炒，雖然臘味的香氣較淡，但臘腸片的的切面會較整齊。

如何燒出好吃的紅燒肉？
可以用其他的筍乾來取代玉蘭筍嗎？

紅燒肉在過年時非常方便，可以用祭祖拜拜煮熟的五花肉，再改刀切成塊來燒。但是燒時最好加煮肉的湯汁來取代水。紅燒肉最好只燒到8分爛，要吃之前再取適當的量加熱、燒爛。玉蘭筍是江浙人常用的一種筍乾，也可以用其他筍乾，因為竹筍在過年時象徵節節高升，取吉利的兆頭。這道菜越燒越好吃，筍比肉好吃。

食材的選擇 INGREDIENTS

【福祿肉】

◎五花肉1斤半；蔥3支；薑2片；大蒜3粒；香菜少許。

◎調味料：紅糟2大匙、紅豆腐乳1塊（或白色亦可）、酒2大匙、淡色醬油1大匙、冰糖1大匙半。

【節節高】

◎五花肉1斤半；玉蘭筍乾1斤；蔥4支；薑2片。

◎調味科：紹興酒2大匙、醬油6大匙、冰糖1大匙半。

製作時間：
1小時 & 1小時30分鐘
（燉煮肉）（燒肉）

準備時間：
5分鐘 & 5分鐘
（燙肉）（燙肉、處理筍）

份量：
8-10人份

烹調的過程 PROCEDURE

1. 五花肉切成喜愛的大小，用熱水川燙1分鐘，撈出洗淨，
2. 蔥切段；大蒜拍裂；豆腐乳加汁約2大匙，壓碎調勻。
3. 炒鍋中用2大匙油爆香大蒜，再放下蔥、薑炒香，加入紅糟和肉塊再炒一下，待香氣透出淋下酒、醬油、豆腐乳、冰糖和水3杯，煮滾後移到較厚的砂鍋中燉煮。
4. 燉煮約1小時至喜愛的軟爛，關火盛出。

1. 以同樣手法處理五花肉。
2. 玉蘭筍洗淨撕成粗條，再切成5公分長段，用滾水燙煮一下，撈出，沖洗一下。
3. 用油爆炒蔥、薑及肉塊，淋酒、醬油、冰糖和水，煮滾後放入玉蘭筍一同燒煮，約1小時30分鐘左右。

玉蘭筍

排骨都可以這樣醃嗎?
鮮橙醬汁還可以烹調其他材料嗎?

廣東餐廳中的“京都排骨”也是用相同的醃肉料，排骨醃好後可放3天，到時候只要做不同的調味汁，就好像變化了不同的菜式，在年節時很方便。“京都排骨”的調味料包括：蕃茄醬、辣醬油、A1牛排醬和糖各11/2大匙，加水3大匙，用1大匙油炒滾即可。鮮橙醬汁酸甜口味適合油炸的菜式，雞肉、魚排、蝦排都很適合。

食材的選擇 INGREDIENTS

◎豬小排骨600公克；小排骨的肉不要太厚，也可以加一半的梅花肉。

◎柳橙2個；香吉士的顏色較好看。

◎醃肉料：淡色醬油2大匙、小蘇打1/4茶匙、鹽1/4茶匙、水3大匙、麵粉2大匙、太白粉2大匙。

◎調味料：瓶裝柳橙汁1/4杯、糖3大匙、檸檬汁3大匙、鹽1/4茶匙、
卡士達粉（Custard powder）1茶匙。

製作時間：
10分鐘（炸、炒）

準備時間：
40分鐘
（醃肉、調汁、擺盤）

份量：
8人份

烹調的過程 PROCEDURE

1. 小排骨剁成約4-5公分的長段；用梅花肉的時候，也要將肉切成較寬厚的肉條。醃肉料在碗中先調勻，再放入肉排拌勻，醃30至40分鐘。

2. 將1個柳橙榨汁，約有1/4杯，再和其他調味料調勻。

3. 另一個柳橙切成半圓片，排在餐盤中做成盤飾。

4. 炸油燒至八分熟，放入排骨以中火炸熟，撈出。油再燒熱，重新放回排骨，以大火炸15-20秒，撈出瀝淨油漬，油倒出。

5. 用少許油炒橙汁調味料，炒滾後關火，放回排骨快速拌勻，盛至盤中。

烹調資訊站

1. 完全用瓶裝的柳橙汁香氣不夠且太甜，因此要加入檸檬汁和新鮮柳橙汁，沒有檸檬汁可以用白醋代替。

2. 可以用雞肉切條或用牛小排來代替豬排骨肉。

為什麼牛肉要整塊燙煮？

牛肉整塊煮熟形狀整齊、易於切片，而且肉香可以保存在肉中。現在超市中可以買到進口的肋條肉，是一條一條分開的，已將肥油修乾淨，可以煮好後再將肥油剪掉一些，先切成5公分長段，再橫著切片，排入蒸碗中。進口牛腩容易蒸爛，省產的則需要較長的時間。

食材的選擇 INGREDIENTS

◎牛肋條肉1斤半：省產的或進口的均可。

◎胡蘿蔔1支；青江菜6棵；花椒粒/2大匙；蔥1支；薑1片。

◎煮牛肉料：蔥2支、薑2片、八角1顆、酒1大匙。

◎蒸牛肉料：酒1大匙、醬油1大匙、糖1茶匙、牛肉湯3杯。

◎魚香汁料：蒜屑1/2大匙、薑末1茶匙、辣豆瓣醬1大匙、醬油1大匙、糖1茶匙、醋1/2大匙、鹽少許、清湯1杯、大白粉2茶匙、麻油少許、蔥花1大匙。

製作時間：
6-8分鐘（炒、燴煮）

準備時間：
30分鐘（出水、做蛋餃、切材料）

份量：
8-10人份

烹調的過程 PROCEDURE

1. 牛肉整塊燙煮1分鐘，撈出洗淨，再放入5杯滾水中，加煮牛肉料，煮45分鐘。取出放涼，切成厚片，排在碗中。
2. 胡蘿蔔削皮、切滾刀塊。
3. 青江菜摘好，在滾水中燙30秒，撈出沖涼。
4. 起油鍋爆香花椒粒、蔥和薑，加入蒸牛肉料煮2分鐘，過濾後將湯汁淋在牛肉碗中，上鍋蒸1小時，後面半小時時加入胡蘿蔔塊同蒸。
5. 青江菜用少許油炒一下，加清湯半杯和少許鹽，約煮1分鐘至喜愛的脆度，盛出，瀝乾水份。
6. 牛肉汁先泌到碗中，牛肉倒扣在大盤上，青江菜圍邊。
7. 用1大匙油炒香蒜屑和薑末，加入其他的魚香汁料（清湯加蒸牛肉汁約1杯左右），煮滾後淋在牛肉上。

省產牛肋條

進口牛肋條

烹調資訊站

1. 這類「扣」的菜很適合提前準備，開飯前蒸熟，做芡汁淋上即可。可提早2-3天準備。
2. 除魚香口味外，咖哩汁、茄汁或原味的蒸汁都可以淋在牛肉上，味道都不錯。

如何挑選牛肉？

炒的牛肉應選較嫩的部位，纖維較細、顏色較淺。省產或進口的菲力牛肉或背脊瘦肉、前腿瘦肉等部位均可用來炒。若使用菲力牛肉來炒，則不能加小蘇打，因這個部份肉質很嫩，加了反而使肉靡爛，其餘部份不妨少量添加。

食材的選擇 INGREDIENTS

◎嫩牛肉半斤：應選纖維較細，顏色較淺的牛肉較嫩，省產或進口的菲力牛肉或背脊瘦肉、前腿瘦肉 等部位均可來炒。

◎紅、黃甜椒各1/2個；新鮮百合1球；洋蔥1/4個。

◎調味料：(1)醃牛肉料：醬油1/2大匙、酒1茶匙，大白粉1大匙、小蘇打1/4茶匙，水2大匙。
(2)XO醬1大匙。

5分鐘(炒)

準備時間：

40分鐘（醃牛肉、處理配料）

份量：

8人份

烹調的過程 PROCEDURE

1. 牛肉逆紋切薄片，調味料(1)在碗中先調勻，放下牛肉片拌勻醃30分鐘以上。下鍋前加入1大匙油拌勻。

2. 紅、黃甜椒去籽切菱形片；百合先分成一片一片的，再將深褐色的邊緣剪除，沖洗一下，瀝乾；洋蔥切小塊。

3. 鍋中燒熱1杯油，放下紅、黃甜椒及百合，快速過油5-7秒，撈出。

4. 油再燒至9分熱，放下牛肉過油至8分熟，撈出，油倒出。

5. 放下洋蔥塊炒香，將牛肉及3種配料一起放回鍋中，加入XO醬拌炒數下即可起鍋。

百合

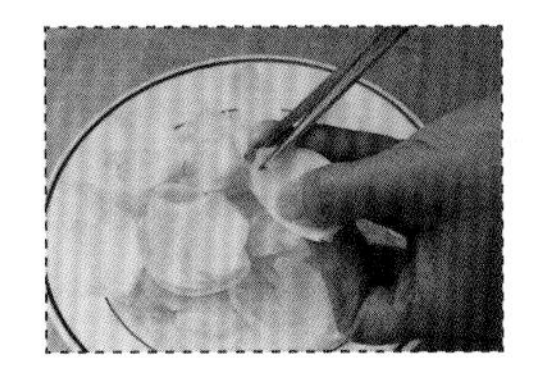

修剪百合

烹調資訊站

炒牛肉是最方便準備的年菜。醃好30分鐘即可下鍋，配料可隨意變化，甜豆片、豌豆夾、胡蘿蔔、洋芹、各種菇類都適合，甚至芥蘭菜、空心菜、青江菜也都不錯，口味可搭配蠔油醬汁、沙茶醬或黑胡椒醬。

如何將明蝦炸得酥而不油？

在家炸食物常不如餐廳好吃，主要的是油溫的控制不理想，使食物含油量太多。起鍋前要開大火炸，將油逼出，或者撈出蝦排，把油重新燒熱，再放回鍋中，用大火再炸一下，就會酥而不油。

食材的選擇 INGREDIENTS

◎小明蝦或大的草蝦8隻：新鮮的蝦頭部和身體是連在一起的，有自然光澤，頭不能發黑或變紅。

◎杏仁片1杯：或者用瓜子片、杏仁碎或麵包粉均可。

◎醃蝦料：鹽、酒、胡椒粉各少許、蔥1支、薑1片。

◎蛋麵糊：蛋1個、蛋黃1個、低筋麵粉3大匙、水適量。

◎沾醬：蕃茄醬、美奶滋、塔塔醬、辣醬油任選。

製作時間： 4分鐘(炸)

準備時間： 15分鐘(處理蝦排)

份量： 8人份

香杏吉利明蝦

烹調的過程 PROCEDURE

1. 明蝦去頭剝殼，僅留下尾部最後一段蝦殼。抽除腸砂和腹部的白筋，由背部剖開，將蝦片開成一片。
2. 蔥和薑拍碎，加入其它醃料調好，輕輕拍在明蝦片上，醃5分鐘。
3. 蛋麵糊調好。明蝦身上的蔥薑要清除，提著尾巴，先沾一層麵粉，再將蝦身在蛋麵糊中沾一下，使蝦身全部沾上麵糊。
4. 杏仁片放在一個平盤上，明蝦放在杏仁片上面，用杏仁片沾滿明蝦。
5. 鍋中炸油燒到8分熱，放入杏仁蝦排。改以中火慢慢炸熟，最後10秒開大火逼出油，炸至金黃色即可撈出。滴乾一下油漬，排入盤中，附沾料上桌。

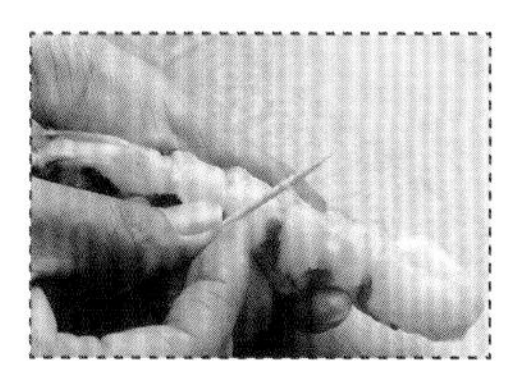

抽除白筋

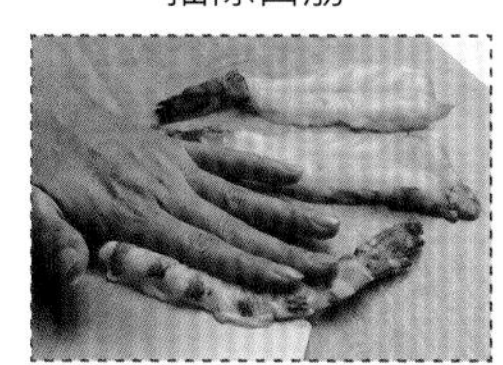

將蝦片開

沾上杏仁片

烹調資訊站

1. 杏仁片在做西點的食品材料行有售，要放冰箱中儲存。沾上核果類來炸，一方面使蝦排更香酥，另一方面核果類營養豐富。
2. 沾上杏仁片會使蝦排顯得大些，因此不用挑太大的蝦。沾蛋麵糊前要先薄薄的沾一層麵粉，如此麵糊在炸過之後才不會和明蝦分離。同時蛋麵糊要調得濃一點才沾得住杏仁片。

如何炒出脆爽的蝦鬆？

蝦鬆要炒的脆爽，除了蝦要新鮮之外，當蝦子洗完後水分一定要擦乾再醃，同時過油的油溫要夠熱。

食材的選擇 INGREDIENTS

◎草蝦1斤：蘆蝦、白沙蝦或者小明蝦，任何新鮮的蝦均可。

◎松子1/2杯：摸起來乾爽，聞起來沒有油耗味才是新鮮的。

◎洋菇8粒：新鮮或罐頭的均可，但是罐頭的顏色較深，會使整盤菜顏色較差。

◎筍（煮熟）1小支；洋蔥屑2湯匙；芹菜末3湯匙；餛飩皮10張；生菜葉10片；胡蘿蔔1支；鋁箔紙1大張。

◎調味料：(1)鹽1/4茶匙、太白粉1茶匙、蛋白1湯匙。
(2)鹽1/4茶匙、水2湯匙、太白粉水1/2茶匙、麻油、白胡椒粉各少許。

製作時間：
10分鐘（炒）

準備時間：
40分鐘 （醃蝦，切配料、炸金杯）

份量：
8人份

烹調的過程 PROCEDURE

❶ 蝦剝殼抽除腸砂，撒少許鹽抓洗一下，用清水沖洗數次，瀝乾水分，再以紙巾或乾淨毛巾擦乾水汁。蝦仁全部切成小丁，用調味料(1)拌勻，放冰箱中冷藏，醃20分鐘以上。

❷ 洋菇切除較粗老的蒂頭，和筍分別切小丁。

❸ 餛飩皮的四個尖角稍微修剪成圓形。胡蘿蔔粗的一端包上鋁箔紙，捲緊。

❹ 松子用4分熱的油小火慢慢炸至微黃，撈出放紙巾上待涼。

❺ 炸油再燒熱，放下餛飩皮，立刻壓下胡蘿蔔，使餛飩皮下陷，炸成一個凹槽，待定型後，取出胡蘿蔔，待金杯的顏色炸均勻後，挾出炸好的金杯，杯中鋪少許生菜絲，放入盤中。

❻ 僅用2杯油，燒至9分熱，放下蝦仁，大火過油炒熟，撈出瀝淨油。

❼ 倒出油，僅留2湯匙油炒香洋蔥屑，放入洋菇丁和筍丁，加鹽和水炒勻。放回蝦仁拌勻，淋少許太白粉水，撒下芹菜末、麻油和胡椒粉，拌勻，關火。

❽ 最後撒下松子，裝入金杯中，亦可附上西生菜或其他可生吃的蔬菜，上桌包食。

炸金杯

烹調資訊站

❶ 杏仁片在做西點的食品材料行有售，要放冰箱中儲存。沾上核果類來炸，一方面使蝦排更香酥，另一方面核果類營養豐富。

❷ 如覺得炸金杯麻煩，也可以僅用生菜包蝦鬆來吃。放入金杯中換個新感覺，有年節的氣氛。

沒有不沾鍋該怎麼把魚煎熱？

沒有不沾鍋也可以用普通鍋子，加少許油就可以把魚煎熱，或者用鋁箔紙包好，放入烤箱中烤熱；或者在烹魚汁中多加2-3大匙的水且不加太白粉，把魚放在汁中燒煮1-2分鐘。

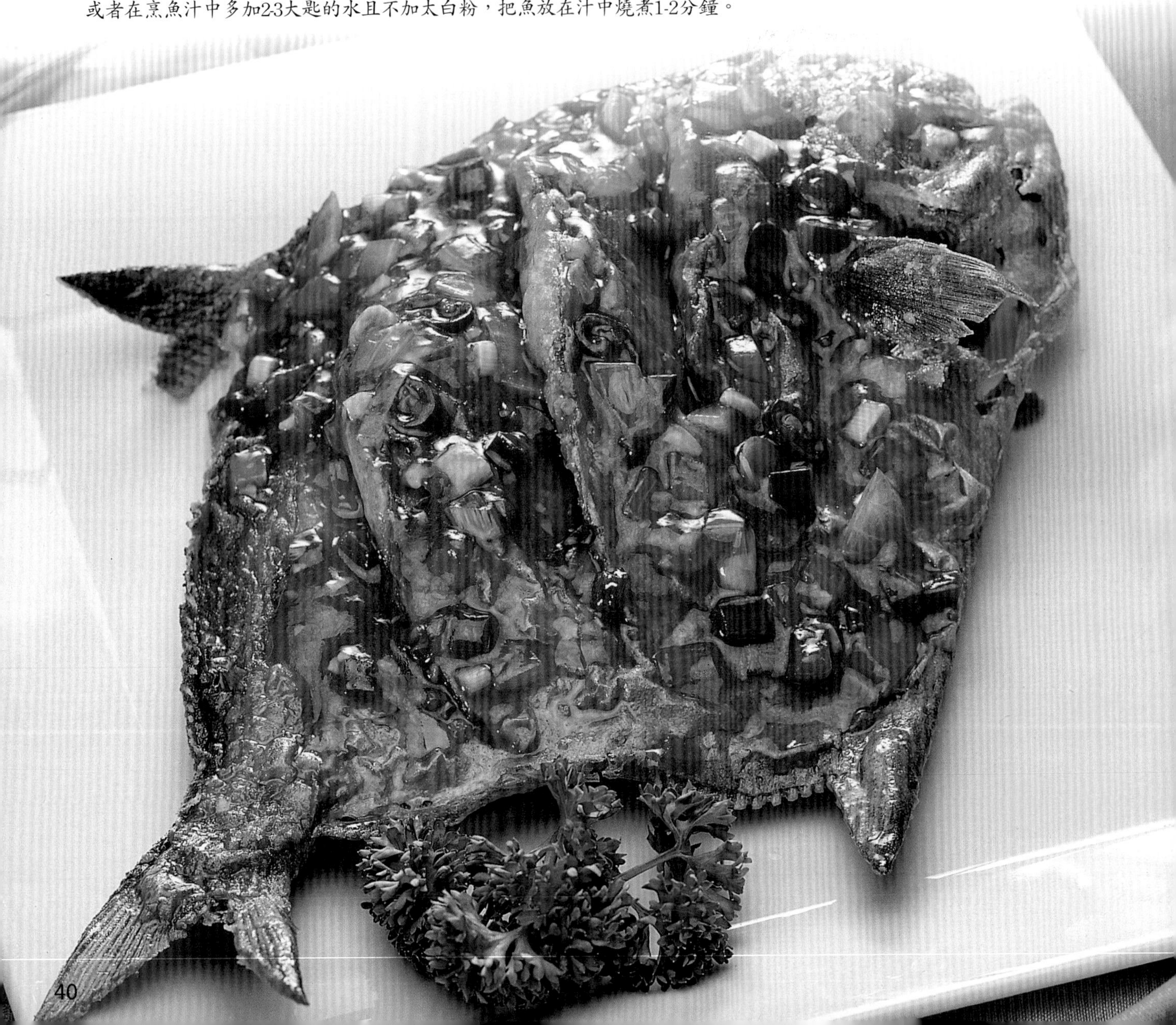

食材的選擇 INGREDIENTS

◎鯧魚1條：過年的魚總希望有頭有尾，鱸魚、鯉魚、紅魚、加納魚都很好。

◎洋蔥丁1大匙；薑末1茶匙；大蒜末1大匙；紅椒粒1大匙◎蔥花1大匙；麵粉2大匙。

◎醃魚料：鹽1/2茶匙、酒1大匙，蔥1支、薑2片。

◎烹魚料：酒1大匙、蕃茄醬1大匙、糖1大匙半、白醋1大匙、烏醋1大匙、鹽1/4茶匙、水5大匙、太白粉1茶匙。

製作時間： 5分鐘（烹）

準備時間： 30分鐘（醃魚、炸）

份量： 8人份

烹調的過程 PROCEDURE

1. 將魚打理乾淨，魚鰭修整齊，劃切上刀口。
2. 醃魚的蔥薑拍一下，加醃魚種一起將魚抹勻，醃15-20分鐘。
3. 魚擦乾，拍上少許麵粉，投入熱油中炸熟，撈出，瀝乾油漬放在盤中，可以祭祀拜拜用。
4. 在吃之前，把魚放入不沾鍋中，以中小火慢慢加溫煎熟，盛入盤中。（也可以用7分熱油，以小火把魚炸透）
5. 起油鍋，用3大匙油爆香洋蔥丁、薑末和大蒜末，淋下烹魚料炒香，起鍋前撒下蔥花和紅椒丁，淋在魚身上。

烹調資訊站

1. 傳統上年夜飯中準備的魚是不吃的，或者只是象徵的吃幾口，留到第二天也就是新的一年來享用，因此這道魚的烹調方法要“耐放”。清蒸和紅燒的魚第二天會有腥氣，最好是先經過“炸”的前處理，既可以吃，也可以放到第二天，加一個調味汁烹一下。
2. 可以做麻辣汁來代替糖醋口味，用油爆香花椒粒、蔥段、薑片、大蒜片、辣椒醬，淋下調味汁（酒、醬油、糖、醋、水）炒勻，放下魚烹煮一下，吸收麻辣汁的味道。

哪一種魚適合做魚捲？

紅色石斑的顏色較漂亮，為過年的餐桌增添些色彩，也可以用鱸魚、桂魚或鯧魚一類整條魚，若魚肉量不夠多時可添加一些真空包裝的潮鯛魚肉或其他白色魚排的魚肉。

食材的選擇 INGREDIENTS

◎石斑魚1條（約750公克）：過年時以帶頭尾的魚較好看，用鱸魚也可以。

◎西生菜1球；香菇2片；熟胡蘿蔔絲1/4杯；香菜葉10片；紅蔥頭4粒。

◎調味料：(1)鹽1/2茶匙、胡椒粉少許、蛋白1大匙、太白粉1茶匙、油1/2大匙。

(2)淡色醬油1 1/2大匙、糖1/2茶匙、胡椒粉少許、水4大匙。

製作時間：
5分鐘（烹）

準備時間：
30分鐘
（醃魚、炸）

份量：
8人份

烹調的過程 PROCEDURE

❶ 魚打理乾淨後先取下頭、尾，再將兩邊的魚肉剔下來，剔除所有的小刺，打斜切成片，用調味料(1)拌醃10分鐘。頭、尾撒少許鹽和胡椒粉醃即可，

❷ 香菇泡至非常透，切成絲。

❸ 西生菜在蒂頭部份切刀口，將頭部取出（見圖1），整球放在滾水中燙10-20秒鐘，脫落的葉片馬上泡入冰水中，將生菜葉小心剝下約10片，修除硬梗部份。

❹ 生菜葉平鋪在板上，放上少許香菇絲、胡蘿蔔絲和香菜葉，蓋上1片魚肉，包成長方形，包好後放在抹了油的盤子上，頭尾一起放在盤子上。

❺ 紅蔥頭切薄片；調味料(2)先調勻。

❻ 蒸鍋水煮滾後，放入魚蒸約8分鐘，熟後取出。

❼ 用約2大匙油慢慢炒香紅蔥頭，淋下調味料(2)，一滾即全部淋在魚捲上，也可以再撒上一些香菜末。

烹調資訊站

❶ 魚肉中包的絲料可增添魚肉的風味，隨個人喜愛用薑絲、蔥絲、火腿絲、筍絲、炒過的洋蔥均可變化味道。

❷ 香菇如果想要味道更好，可以先用醬油、糖、油、蔥段和泡香菇水一起蒸15分鐘再用。

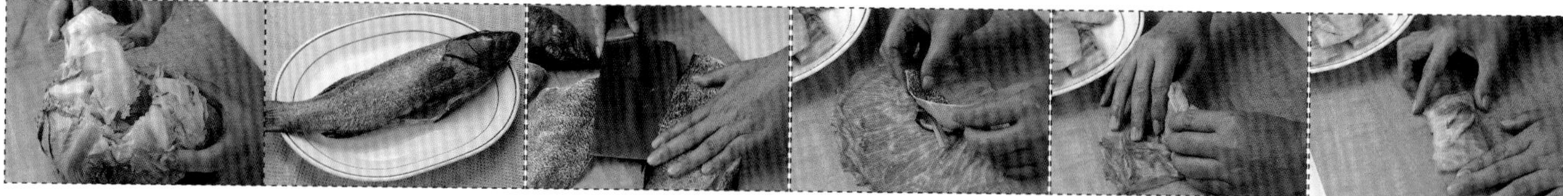

(圖1)

如何挑選好的冬筍？髮菜為何要蒸過？

冬天時候上市的冬筍是當令的鮮蔬，要挑外表有絨毛的鮮品，可以用指甲在底部的切口處劃一下，來判斷筍子的老嫩，或由切口處的纖維粗細來判斷。髮菜本身無味且較乾澀，要用醬油、糖和烹調用油來添味且滋潤一下。

食材的選擇 INGREDIENTS

◎冬筍2支：冬天時候上市的冬筍是當令的鮮蔬，要挑外表有絨毛的鮮品，可以用指甲在底部的切口處劃一下，來判斷筍乾的老嫩，或由切口處的纖維來判斷。

◎豆苗6兩：雖然現在幾乎終年可見豆苗，但仍以冬天時最嫩，傳統市場有尚未摘好的豆苗，但一般都是一包包摘好的。

◎髮菜適量；蔥屑1大匙。

◎蒸髮菜料：薑2片、油1/2大匙、糖1/2茶匙、醬油2茶匙、水3/4杯。

◎調味料：鹽適量、酒少許、太白粉水適量。

製作時間：
15分鐘
（煮冬筍、炒）

準備時間：
30分鐘（切冬筍、摘豆苗、處理髮菜）

份量：
8-10人份

烹調的過程 PROCEDURE

❶ 冬筍削皮後要將老的部分修乾淨，切成厚片。冬筍因質地脆，生的時候切片會裂開，因此可以切不規則的塊。

❷ 整包豆苗雖說是摘好的，但仍有老的部外，可以再摘一次。

❸ 髮菜先用水泡約10分鐘使髮菜漲開，用手指搓動髮菜使雜質沉入水中，換2-3次水後，放入碗中，加蒸髮菜料蒸10分鐘（圖1），撿除薑片。

❹ 起油鍋加熱2大匙油，放入冬筍和蔥花同炒，炒至香氣透出，加入水1杯半，小火煮10分鐘，至湯汁將收乾，加少許鹽調味，勾上薄芡。

❺ 髮菜連汁倒入鍋中，煮滾勾芡，盛入盤中。

❻ 另起油鍋，用2大匙油快炒豆苗，淋下少許酒烹香，加少許鹽炒至脫生即關火，用筷子將豆苗挾放在髮菜上（不要帶湯汁），另將冬筍盛放在中間。

烹調資訊站

❶ 髮菜是過年時討吉利口彩的食材，尤其是香港、廣東一帶過年必備。髮菜含有大量鈣質，具清腸、清熱、通便利尿的功效。髮菜本身無味，最適宜做羹湯或帶芡汁的菜，可以吸附其他食材的好滋味。近年真髮菜量少價格又高，意思一下，少用一點無妨。

❷ 怕冬筍放久了會變老，可以連殼先煮熟或蒸熟，放涼後以保鮮膜包好存放。但生的冬筍直接炒較有筍的香氣，香脆可口。

❸ 過年時宜多吃蔬菜避免油膩，除冬筍外，新鮮洋菇、杏鮑菇、白果、百合等白色鮮蔬都可以搭配。

(圖1)

可以用其他海鮮來代替蝦嗎?

不用蝦時也可以用蘭花蚌、蟹腿肉、蒸軟的干貝、蟹肉棒等有鮮味的海鮮來代替蝦提味，或用蒸過的香菇、柳松菇、百合等代替，做成素菜。

食材的選擇 INGREDIENTS

◎海蝦半斤：新鮮、肉質緊Q的蝦都好。
◎小黃瓜5條：或用澎湖絲瓜代替。
◎竹笙8條：火腿絲1大匙。
◎蔥1支；薑2片；高湯2杯；蕃薯粉1/2杯。
◎醃蝦料：鹽、胡椒粉、蛋白、太白粉各少許。
◎調味料：酒1/2大匙、鹽適量、太白粉水適量。

製作時間：
10分鐘
（燴煮）

準備時間：
30分鐘（醃、泡竹笙、切黃瓜）

份量：
8-10人份

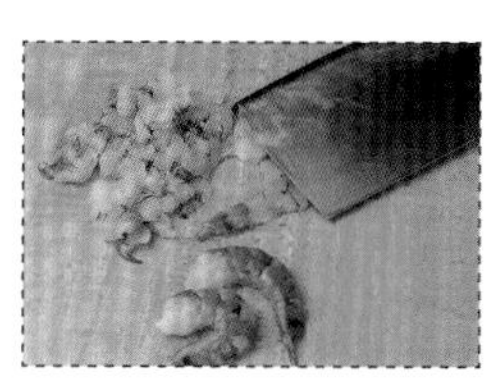
(圖1)

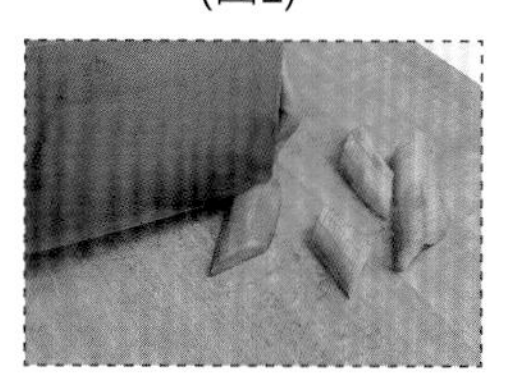
(圖2)

(圖3)

烹調的過程 PROCEDURE

1. 蝦剝殼、抽除腸砂後，沖洗並擦乾水分、用刀面將蝦拍一下，一切為兩段，全部用醃蝦料汁勻，放冰箱中醃半小時以上，拌上蕃薯粉。（圖1）
2. 小黃瓜削皮，對剖成兩半，片除瓜籽部分，斜切上細刀口，並分成4公分長段。（圖2）
3. 竹笙用水泡軟，多用水沖洗幾次，切除頭尾，中段切成4公分段。
4. 鍋中燒滾4杯水，水中加少許油和鹽，放入黃瓜排燙1分鐘，撈出，沖涼。竹笙、蝦段也分別燙一下。
5. 起油鍋，用2大匙油爆香蔥段和薑片，淋下酒和高湯，加鹽調味，放入黃瓜排煮至微軟，撈出盛盤。再放入竹笙煮一下，也撈出排盤。
6. 將蝦仁放入湯中，煮一滾後勾芡，滴下麻油，撒下火腿絲，澆在竹笙上。

烹調資訊站

1. 竹笙好壞的品質差很多，要選擇乾爽、色微黃、有香氣的才好（見圖3）。竹笙發好後，筒身要厚才會脆、才能吸收湯汁，現在有許多竹笙價格很低但筒身太薄，泡好很軟並不好吃。
2. 火腿要用中國火腿才香，沒有時可以不加，不要用洋火腿，洋火腿的味道不對。

如何挑選好的干貝？該如何使用？

干貝要選摸起來乾爽，看起來顏色金黃、沒有白色鹽霜結晶，吃起來鮮甜、不會太鹹的，越大顆的越貴，做這道菜小一點或碎的干貝亦無妨。干貝使用前要先將它蒸軟（煮湯時例外），可以一次多蒸一些，冷凍保存，隨時取用，非常方便。

食材的選擇 INGREDIENTS

◎干貝5粒：干貝要選摸起來乾爽，看起來顏色金黃、沒有白色鹽霜結晶，吃起來鮮甜、不會太鹹的，越大顆的越貴，做這道菜小一點或碎的無妨。
◎白菜1斤半：烤的白菜以圓形結球白菜較好吃。
◎鮮奶油2-3大匙：要用動物性的，也可以用濃縮的奶水或咖啡奶球2-3球。
◎起司粉2-3大匙：乾的罐裝帕瑪森起司粉"Parmesan Cheese"有獨特的香氣，也可以再撒上披薩用的乳酪絲。
◎蔥屑1大匙；麵粉4大匙；清湯1杯中。
◎調味料：鹽1/2茶匙。

製作時間： 15分鐘（烤）

準備時間： 30分鐘（蒸干貝、炒白菜、炒麵糊）

份量： 8-10人份

烹調的過程 PROCEDURE

1. 干貝沖洗一下，加水（要超過干貝的高度），入電鍋蒸30分鐘，放涼後略撕碎，湯汁留用。（圖1、2、3）
2. 白菜先切成5公分寬的段，再切成約2公分的寬的條。
3. 起油鍋，用約2-3大匙的油爆香蔥花，放入白菜炒軟，加少許鹽調味，燜煮5分鐘，待白菜出水夠軟時，盛出白菜，湯汁和蒸干貝的汁一起加入清湯中，約有2杯左右的量。
4. 用3大匙油炒香麵粉，加入清湯，邊加邊攪勻成麵糊，加鹽調味，放入干貝和鮮奶油拌勻，盛出約1/3量。
5. 放入白菜拌勻，裝入烤碗中，淋下盛出的干貝糊，再撒上起司粉。
6. 烤箱預熱至220-240℃，放入烤碗烤至表面呈現金黃色，取出上桌。

烹調資訊站

1. 干貝又稱元貝、江瑤柱，是海洋中江珧科動物的肉柱，味道鮮美，是高級的乾貨之一，常用來搭配較無鮮味的菜蔬，如白蘿蔔、大黃瓜、芥菜、絲瓜或蛋。干貝因產地不同，等級差異極大，鮮味也不同，以日本產的宗谷元貝為最佳。
2. 過年時準備這道烤白菜做為蔬菜類是最方便的，可以多做兩三份，涼了之後以鋁箔紙覆蓋，放冰箱中冷藏。吃之前再撒上起司粉，放入烤箱烤熱。因為是由冰箱中取出，烤箱的溫度宜調至180-200℃，以免起司烤黃了、中間的白菜還不熱。
3. 不用烤箱烤，而直接將白菜放入奶油糊中拌勻裝盤，雖然少了起司香氣，也很好吃。

什麼是塔古菜？百頁一定要用小蘇打浸泡嗎？

干貝要選摸起來乾爽，看起來顏色金黃、沒有白色鹽霜結晶，吃起來鮮甜、不會太鹹的，越大顆的越貴，做這道菜小一點或碎的干貝亦無妨。干貝使用前要先將它蒸軟（煮湯時例外），可以一次多蒸一些，冷凍保存，隨時取用，非常方便。

食材的選擇 INGREDIENTS

◎塔古菜2棵：或青江菜6-7棵。

◎冬筍1支：百頁1疊；火腿10-12片；蔥2支。

◎小蘇打粉1茶匙。

◎調味料：鹽適量、太白粉水適量。

製作時間：
15分鐘
（炒、煮）

準備時間：
20分鐘（泡百頁、切材料）

份量：
8人份

百頁冬筍燒塔菜

烹調的過程 PROCEDURE

1. 塔古菜可以用剪刀剪下葉片或由蒂頭處切下，使葉片敞開，若放的時間較久，纖維較老時，可以像摘菜一般將葉片撕下，以除去纖維，太長的可以一切為二。
2. 百頁切成4條寬條，鍋中燒4杯水，關火加入1茶匙小蘇打扮，放入百頁浸泡至百頁顏色變淺且夠軟，撈出在清水中多漂洗幾次，瀝乾。
3. 冬筍剝殼修去老纖維後，切片；蔥切段。
4. 炒鍋中加入油2大匙，放入冬筍和一半量的蔥，以小火慢慢炒至香氣透出，加入2杯水，煮約10分鐘至冬筍熱透，連湯汁一起盛出。
5. 另用2大匙油爆香蔥段和塌棵菜，炒至軟後將冬筍連汁一起倒入，再加入百頁和火腿片，燒約1分鐘。嚐一下味道後加少許鹽調味，勾上薄芡，裝盤上桌。

烹調資訊站

1. 可以不放火腿，完全用冬筍配塔古菜的香氣。用火腿的話要蒸熟再切片，火腿熟後再切片，煮時較不會捲曲變形。
2. 如果喜歡吃軟爛一些的口感，可以將塔古菜用滾水先燙一下，沖冷後再燒，便可以像硬性蔬菜一樣久煮仍保持綠色。

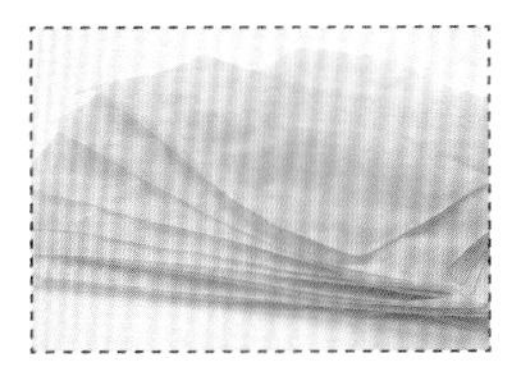

百頁

塔古蔡

如何炒出軟Q的年糕？

炒年糕時不能一直在鍋中翻炒，會把年糕炒的糊化了，要加水燜煮，年糕新鮮時本身軟Q，不需要加到1杯半清湯，可以先加一半量試一下。年糕在炒好出鍋時要帶一些湯汁，一方面滋味較好，另一方面也不會上桌後太乾，年糕都黏在一起。

食材的選擇 INGREDIENTS

◎雪裡蕻150公克：也可以用白菜或青江菜切絲。
◎豬肉絲75公克：也可以用雞肉絲。
◎筍1支：以冬筍最好吃，也可以用真空包裝的綠竹筍（沙拉筍）。
◎寧波白年糕450公克：有條狀的，亦有切好片的真空包裝。
◎蔥1支；清湯1杯。
◎醃肉絲料：鹽、大白粉、水各少許。
◎調味料：鹽適量。

製作時間：
8分鐘
（炒）

準備時間：
30分鐘（醃肉絲、煮筍、切材料）

份量：
8人份

雪菜

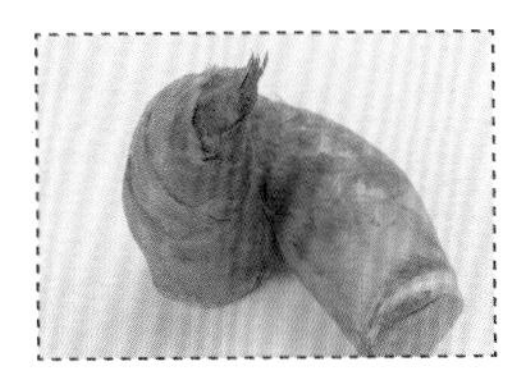
冬筍

寧坡年糕

烹調的過程 PROCEDURE

1. 肉絲用醃料抓拌一下，醃15分鐘。
2. 雪裡蕻沖洗乾掙，切碎，尾部葉子較老，不要用。
3. 冬筍煮熟，去殼並修去硬皮，切成細絲。
4. 年糕打斜切片，喜歡Q一點口感的話，可以切成像手指般粗條。
5. 肉絲過油炒熟，盛出。
6. 留用2大匙油，爆香蔥段，加入筍絲炒數下，放下雪裡蕻和清湯，同時放下年糕片，拌炒一下，蓋上鍋蓋，以中火煮約1分鐘，試一下年糕是否已軟，加入肉絲並調味，炒勻盛出。

烹調資訊站

1. 可以不放火腿，完全用冬筍配塔古菜的香氣。用火腿的話要蒸熟再切片，火腿熟後再切片，煮時較不會捲曲變形。
2. 如果喜歡吃軟爛一些的口感，可以將塔古菜用滾水先燙一下，沖冷後再燒，便可以像硬性蔬菜一樣久煮仍保持綠色。

可以用台式香腸來做臘味飯嗎？

台式香腸較偏甜，口感較軟，用來炒飯可在起鍋時加一些青蒜片，另有一番風味。喜歡吃辣的人也可以川味的麻辣香腸來炒飯，十分夠味。湖南臘味用煙燻過，比較不適合炒飯。

食材的選擇 INGREDIENTS

◎臘腸2支、肝腸1支：傳統做臘味飯是用廣東香腸。除臘腸、肝腸外，還有臘肉、金銀肝，可以隨個人喜好搭配。

◎白飯3碗；蛋2個；洋蔥屑2大匙；芥蘭菜梗或四季豆或青豆。

◎調味料：醬油、鹽、糖各適量。

製作時間：
1分鐘
（蒸）

準備時間：
30分鐘
（蒸臘、切丁、拌）

份量：
2-3人份

肝腸

臘腸

烹調的過程 PROCEDURE

1. 臘味沖洗乾淨放碗中，上鍋蒸15分鐘至熱。取出待稍涼，切成如指甲大小。也可以切成斜段或厚片。
2. 臘味的蒸汁拌上適量的醬油和糖備用。
3. 芥蘭菜摘好，用熱水川燙一下，撈出沖涼。做炒飯的芥蘭菜則利用梗子部分切丁，可不用川燙直接炒。
4. 蛋打散。
5. 蒸的臘味飯之1：切成小片的臘味和蒸汁拌入白飯中，再舖放到水盤中，上鍋蒸約10分鐘，使臘味的滋味和白飯融合，擺上芥蘭菜即可上桌。
6. 蒸的臘味飯之2：白飯放入蒸盅內，上面放上臘味段，再蒸10分鐘，使臘味的味道更釋出，出鍋前淋上蒸汁，放上芥蘭菜段即可。
7. 臘味炒飯：起油鍋用2大匙油炒蛋，盛出。另用1大匙油爆香洋蔥屑和臘味丁，待香氣透出時，放下白飯炒匀，放入蛋和芥蘭菜梗，加鹽調味，起鍋前可撒下胡椒粉增香。

烹調資訊站

廣式的香腸較硬，挑的時候首先應看顏色，肥肉的部分不可發，發黃表示不新鮮。同時應聞一下香氣是否足夠，而且外表應乾爽，不油膩。

年貨的採購與乾貨的發泡

採購年貨要以實用為主，不要有太大的理想目標，覺得自己可以大展身手，就買了一大堆，有許多人的櫃子和冰箱裡就還有去年買的年貨。可以先查看一下自己的存貨，補充一些乾貨類。我覺得乾貨是最好用的材料，尤其小乾貨類，如干貝、香菇、竹笙、髮菜、蝦米、魷魚（還可以烤來當零食吃）等都是，要用時容易發漲，用不完時也不怕壞。另外一些如粉絲、木耳、金針、豆豉、貢菜、筍乾都是一般日常用得到的，很實用。豆製品中的豆腐衣、百頁、油麵筋、盒裝豆腐、腐皮都是很好變化的材料。

小乾貨中最常用到的香菇和干貝，可以一次多發泡一些，再分裝成小份。香菇應該泡軟之後先蒸過，等要用時，即使只是1-2朵切片或切條來配菜用，都會更有味道（詳見第42頁），這一類小乾貨如干貝、竹笙、髮菜、百頁就放在相關的食譜中來解說，請大家參考。

大乾貨類指的是燕窩、魚翅、鮑魚、海參，這類食材因為本身價格高，大家又相信它們具有一定程度的食療效果，因此在中國菜中有它傳統的地位。其中燕窩較少用在菜餚上；乾鮑也因十分昂貴，同時罐頭、真空冷藏的鮑魚方便又普遍，因此較少自己發泡。魚翅和海參倒是喜愛者有空可以嘗試的。

新鮮的食材中，我比較喜歡多買一些海鮮類來冷凍，一來現在人們比較喜歡吃海鮮，海鮮的變化也多，同時海鮮也容易解凍，臨時要加一兩道菜也方便。

最好用的首推蝦類，明蝦、草蝦、海蝦都各有用途。其他如鮮貝、蟹腳肉、花枝、魷魚、大蛤蜊也是可以獨當一面或和其他材料搭配演出的。

豬、牛、雞肉當然也不能少，豬、牛肉若要花較長時間燉煮的，可以先燉成半成品，但是量都不要太大，少量才能贏得關愛的眼光。

蔬菜類也要各類平均準備一些，有葉菜類；也要有較耐存放的瓜果豆類、根莖類。現在超市只休息一兩天，雖然較高價的蔬菜可能沒有，但一般的蔬果都還齊全，隨時添購也還方便。

下面就把魚翅和海參的發泡方法，配上圖解來說明一下。

附錄一 魚翅的發泡

近年鯊魚的保育問題受到重視，要求大家減少吃魚翅，因此魚翅的菜餚出可以用素魚翅代替。

通常乾的小排翅約需3天發泡，散翅約1-2天：

1.白的為小排翅，黃的是散翅。

2.翅刷洗一下，放在砂鍋中冷水泡半天，水倒掉，換清水煮一滾，關火燜到水冷，會看到魚翅縮起成半圓形。

3.換水再煮一次，燜至水冷，魚翅會漲大。

4.將魚翅移到盆中，加蔥、薑，酒和高湯，上鍋蒸1小時取出。泌掉湯汁，換高湯再蒸過，蒸至魚翅夠軟，這一次的湯汁可以一起做菜用。
大的排翅在裝盆蒸時要用竹蓖子夾住，使它定型，不至於捲曲縮小。

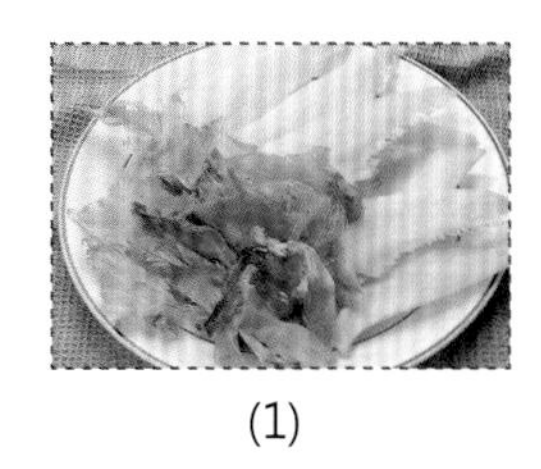
(1)

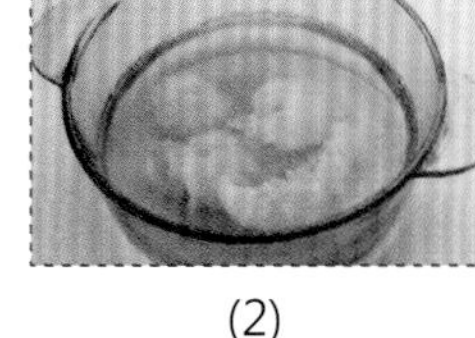
(2)

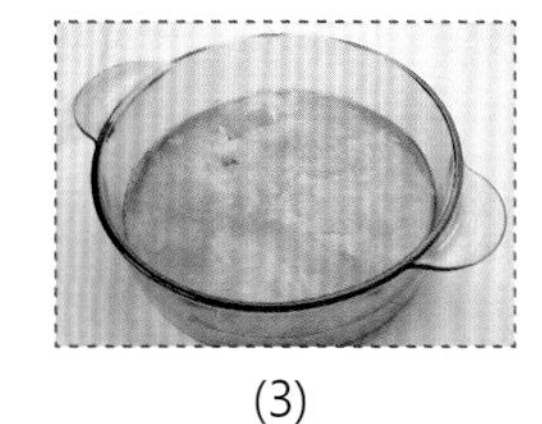
(3)

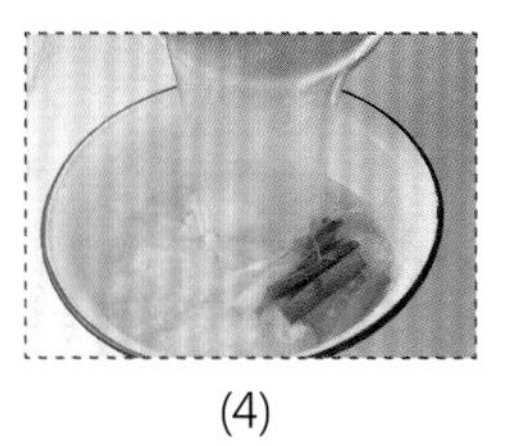
(4)

【魚翅】 通常乾的小排翅約需3天發泡，散翅約1-2天，圖中第一張照片內顏色較淺的是小排翅，較深色的是散翅。

【散翅】 散翅的形狀有很多種，只要用溫水泡軟，再放入鍋中用高湯蒸至軟便可使用，但是散翅的翅針太細，多用再做羹湯。

【排翅】 (1)換水再煮一次，燜至水冷，魚翅會漲大。

(2)將魚翅移到盆中，加蔥、薑、酒和高湯，上鍋蒸1小時，待涼後取出，泌掉湯汁。

(3)換高湯再蒸過，蒸至魚翅夠軟，這一次的湯汁可以一起用來做菜。(大的排翅在裝盤蒸時要用竹篦子夾住，使它定型，不至於捲曲縮小。)

【冷凍魚翅】 市面上買到已發好的冷凍魚翅，只要解凍即可以使用。冷凍魚翅的大小等級很多，做菜時可按需要選購。

附錄二 海參的發泡

1. 海的種類很多，常見的有刺、烏、白、婆參，口感不一。刺中以日本的關東參為佳。乾刺參以每斤40—50之大的較佳，50支以上的較小。

2. 要選一個乾淨無油的厚砂鍋來發海參，將海參泡在水中半天或一夜，刷洗乾淨。

3. 換清水煮滾，改小火煮10分鐘，關火、燜至水冷，海參已明顯漲大。

4. 換水再煮一次，待水冷後，剪開腹腔，抽出腸砂。

5. 再換水煮一次，燜至水冷，此時海參已漲大許多，如海參已夠軟，換水泡在鍋中，放置冰箱中，再放1-2天會漲發的更大。如仍不夠軟，可以再煮一次。

6. 海參要烹煮前才加蔥、薑和酒出水去腥氣，出水時間長短要依海參的軟硬度而定。

(1)

(2)

(3)

(4)

(4)

歡喜團圓做年菜

作　　者/ 程安琪
發 行 人/ 程安琪
總 策 劃/ 程顯灝
總 編 輯/ 錢嘉琪
封面設計/ 洪瑞伯
企劃編輯/ Marisa Lu
出 版 者/ 橘子文化事業有限公司
總 代 理/ 三友圖書有限公司
地　　址/ 106台北市安和路2段213號4樓
電　　話/ (02) 2377-4155
傳　　真/ (02) 2377-4355
E-mail / service @sanyau.com.tw
郵政劃撥 ： 05844889　三友圖書有限公司

總經銷/貿騰發賣股份有限公司
地址/台北縣中和市中正路880號14樓
電話/ (02) 8227-5988
傳真/ (02) 8227-5989

初版/ 2010　年 1　月
定價 ： 新臺幣 149　　元
ISBN ： 978-986-6890-65-9 （平裝）

國家圖書館出版預行編目資料

歡喜團圓做年菜 / 程安琪作. — 初版. —
臺北市 ： 橘子文化, 2010.01
面 ；　公分
ISBN 978-986-6890-65-9 （平裝）
1.食譜
427.1　　　　98022274